Bibliografische Information der Deutschen Nationalbibliothek:

Die Deutsche Bibliothek verzeichnet diese Publikation in der Deutschen National-
bibliografie; detaillierte bibliografische Daten sind im Internet über http://dnb.d-
nb.de/ abrufbar.

Impressum:

Copyright © 2012 GRIN Verlag, Open Publishing GmbH
Druck und Bindung: Books on Demand GmbH, Norderstedt Germany
ISBN: 978-3-668-02811-1

Dieses Buch bei GRIN:

http://www.grin.com/de/e-book/302332/katanin-ein-mikrotubuli-schneidendes-
enzym

Lena Friedmann

Katanin. Ein Mikrotubuli schneidendes Enzym

GRIN Verlag

Technische Universität München
Fakultät für Physik

Abschlussarbeit im Bachelorstudiengang Physik

Katanin – ein Mikrotubuli schneidendes Enzym

Katanin – a microtubule severing enzyme

Lena Friedmann

26. Juli 2012

Zusammenfassung

Katanin hat die Fähigkeit die äußerst stabilen Mikrotubuli zu zerteilen. Mikrotubuli sind Bestandteil des Zytoskeletts der Zelle. Sie haben die Form von Hohlröhrchen mit einem Durchmesser von etwa 25 nm. Dabei sind sie kaum biegbar. In dieser Arbeit wurde mittels Mikroskopischer Untersuchungen analysiert, wie sich das Bindeverhalten von Katanin am Mikrotubulus unter Einsatz drei verschiedener Nukleotide ändert. Dazu wurde jeweils gemessen wie lange einzelne Kataninenzyme am Mikrotubulus verweilen, und mit welcher Rate sie dort landen. Die Ergebnisse zeigen, dass die Landerate höher, die Bindedauer kürzer, und der Oligomerisierungsgrad niedriger wird, je besser das Nukleotid hydrolysierbar ist. Diese Ergebnisse deuten klar darauf hin, dass Katanin nur im ADP gebundenen Zustand die Bindung zu anderen Katanineinheiten lösen kann.

Inhaltsverzeichnis

1. Einleitung

Eukaryotische Zellen sind etwa zehnmal so groß wie prokayotische. Dieser Größenunterschied hat weitreichende Folgen in der Organisation der Zelle. In eukaryotischen Zellen, aus denen auch wir Menschen bestehen, reicht die Brownsche Molekularbewegung nicht aus, um Stoffe zu transportieren. Ohne ein intrazelluläresTransportsystem könnten wir also nicht existieren. Doch die Natur erfand ein sich selbst organisierendes „Straßensystem". Dieses ermöglicht Motorproteinen – Dynein und Kinesin den Transport von Vesikeln durch die Zelle. Diese „Straßen" sind so genannte Mikrotubuli, die darüber hinaus auch eine sehr wichtige Rolle in der Mitose spielen. Gerade in dieser Phase müssen die Mikrotubuli unheimlich schnell umgebaut werden.

> „Die Prophase signalisiert eine plötzliche Änderung bei den Mikrotubuli der Zelle. Die relativ wenigen, langen Mikrotubuli des Interphasefelds wandeln sich rasch zu einer großen Anzahl kurzer und dynamischer Mikrotubuli [um.]" (Alberts 2004)

Diese Arbeit ist der Aufgabe verschrieben, einen kleinen Bestandteil zu untersuchen, der an diesem Phänomen beteiligt ist – Katanin, ein Enzym das in der Lage ist Mikrotubuli zu „schneiden".

1.1 Funktion und Aufbau eines Mikrotubulus

Um sinnvolle Untersuchungen über Katanin anstellen zu können, soll zuerst erklärt werden, wie ein Mikrotubulus beschaffen ist.

Mikrotubuli sind lange Hohlzylinder mit einem Durchmesser von etwa 25 nm. Sie bestehen aus α- und β-Tubulin, die durch GTP zu langen Proteinfilamenten verbunden werden können. *In vivo* lagern sich 13 dieser Filamente kreisförmig zu einem Röhrchen zusammen, das eine hohe mechanische Stabilität besitzt. Abbildung 1.1 zeigt den Aufbau eines Mikrotubulus und dessen Erscheinung im Elektronenmikroskop.

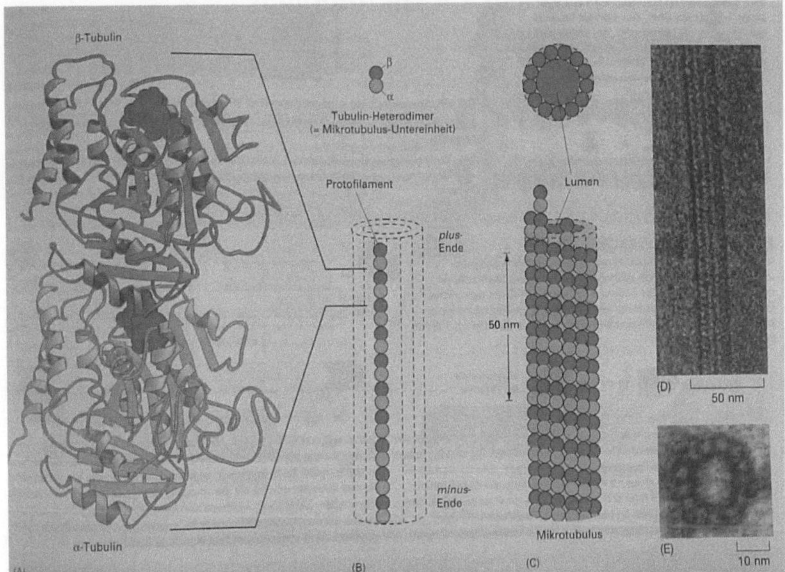

Abbildung 1.1: (A) zeigt ein Bändermodell der beiden Tubulin-Untereinheiten α- und β-Tubulin. Das GTP-Molekül ist hier rot dargestellt. In (B) ist ein Protofilament zu sehen, bestehend aus zahlreichen Tubulin-Dimeren, und in (C) der röhrenförmige Mikrotubulus, zusammengesetzt aus 13 Protofilamenten. (D) und (E) sind elektronenmikroskopische Bilder eines Mikrotubulus von der Seite und von Oben. Entnommen aus (Alberts 2004)

Die kleinste Untereinheit in der Struktur der Mikrotubuli sind Dimere, die aus einem α- und einem β-Tubulin. Die synchrone Anordnung dieser Heterodimere führt zur sogenannten „Polarität". Am einen Ende des Mikrotubulus sitzt α-Tubulin am Rand s(minus-Ende), und am Anderen β-Tubulin (plus-Ende). In jeder der beiden Untereinheiten ist GTP eingelagert, jedoch ist nur die β-Untereinheit hydrolyseaktiv. Mikrotubuli besitzen eine „Dynamische Instabilität". An ihren Enden können sie sehr schnell wachsen oder schrumpfen, wobei sie auch schnell zwischen diesen beiden Zuständen wechseln können (Mitchison and Kirschner 1984). Bei der „Katastrophe" wird das GTP schneller hydrolysiert, als neue Untereinheiten mit GTP hinzukommen, sodass die so genannte GTP-Kappe verschwindet, die den Mikrotubulus vor der Depolymerisation schützt. „Gerettet" wird der schrumpfende Mikrotubulus, wenn durch eine höhere Polymerisationsrate wieder eine GTP-Kappe entsteht (Inoue and Salmon 1995).

1.2 Schneideprozesse am Mikrotubulus

Unter Schneideprozessen versteht man das Zertrennen des Mikrotubulus in zwei Teile. Man geht davon aus, dass das durch Heraustrennen von Tubulindimeren aus der Mikrotubulus-wand erfolgt. Dieser Effekt darf nicht verwechselt werden mit der zuvor erwähnten Depolymerisation. Bei der Depolymerisation fallen Untereinheiten vom Mikrotubulus ab, weil sie am äußeren Ende des Mikrotubulus weniger Nachbarn haben, mit denen sie Bindungen eingehen können. Diese Bindungen können mit deutlich weniger Energieaufwand gelöst werden als Bindungen irgendwo in der Mitte der Mikrotubuluswand. 1992 beobachteten Dye et al die Dissoziationsrate von Tubulinuntereinheiten aus der Mikrotubuluswand und berechneten einen durchschnittlichen Wert von einer Dissoziation in etwa 48 Tagen. Eine Zerteilung des Mikrotubulus auf diese Weise kann vernachlässigt werden, weil sie so selten auftritt, dass sie in der Zelle nicht sinnvoll wäre. Man müsste dann davon ausgehen, dass Mikrotubuli immer vollständig depolymerisiert werden, bevor sie in einer neuen Form polymerisieren um ihre Form zu wandeln.

Jedoch beobachtete Vale 1991 wie nach Zugabe von *Xenopus*-Ei-Extrakt innerhalb von 2,5 min Inkubationszeit alle Mikrotubuli im Sichtfeld der Kamera ihre Anzahl vervielfachten während sich die Länge erheblich verkürzte (Vale 1991). Abbildung 1.2 zeigt die mikroskopische Aufnahme von Vale.

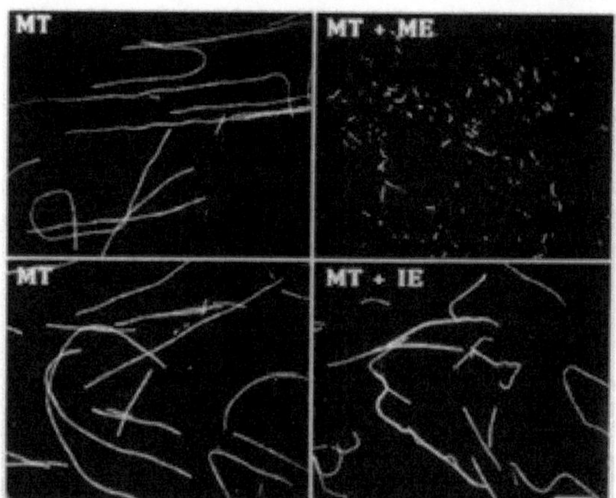

Abbildung 1.2: Fluoreszenzaufnahmen von Mikrotubuli vor (links) und 2,5 min nach der Zugabe von mitotischem und interphasi-schem Ei-Extrakt (rechts). Entnommen aus (Vale 1991)

Man sieht, dass die Gesamtlänge der im Bildfeld sichtbaren Mikrotubuli in etwa gleich blieb, die Filamente jedoch viel zahlreicher wurden. Diese Beobachtung lässt sich am einfachsten dadurch erklären, dass die ursprünglich langen Filamente in kurze Fragmente zerlegt wurden. Bei der Depolymerisation an den Enden der Mikrotubuli wird der Mikrotubulus in einzelne Tubulindimere zerlegt, die in der Aufnahme nicht mehr sichtbar wären. Dieses Szenario konnte als Erklärung für die Beobachtung ausgeschlossen werden. Die zweite Möglichkeit ist das spontane Herauslösen eines Tubulindimers aus der Mikrotubuluswand. Das könnte den kompletten Bruch eines Mikrotubulus initiieren, und würde immerhin erklären warum am Ende mehr kürzere Tubulusstücke in der TIRFM Aufnahme zu sehen sind. Wie jedoch oben schon erwähnt ist ein solches Ereignis so unwahrscheinlich, dass es statistisch nicht möglich ist, das beobachtete Phänomen zu erklären. Man kann folglich annehmen, dass ein im Ei-Extrakt enthaltener Stoff die Mikrotubuli schneidet.

Abbildung 1.2 suggeriert des Weiteren, dass der Schneidefaktor im Verlauf des Zellzyklus reguliert wird, und beim Übergang der Zelle in die Phase der Mitose deutlich erhöht ist (Verde, Labbe et al. 1990; Vale 1991). Dies ist stimmig mit der Tatsache, dass gerade bei der Zellteilung ein schnelles Umbauen des Mikrotubulusskeletts nötig ist.

Mc Nally und Vale gelang es schließlich das Enzym, das für den Schneideprozess verantwortlich ist, aus Seeigeleiern zu isolieren (McNally and Vale 1993). Es handelt sich um zwei Proteinuntereinheiten. Eines hat ein Molekulargewicht von 60 kDa (p60), das andere eines von 81 kDa (p80). Sie nannten die beiden Katanin nach dem japanischen Schwert „Katana" (McNally and Vale 1993).

1.3 Katanin – ein mikrotubulischneidendes Enzym

1.3.1 Oligomerisierungsverhalten und Aufgabe der beiden Untereinheiten von Katanin

Die Entdeckung der „Severing"-Aktivität von Katanin warf die Frage nach dem Mechanismus dieses Prozesses auf. Schon bei der Entdeckung von Katanin durch McNally und Vale (1993) wurde festgestellt, dass es zwei unterschiedliche Untereinheiten von Katanin gibt, die in einem Verhältnis von näherungsweise 1:1 auftreten (Hartman, Mahr et al. 1998). Die schwerere der Beiden (p80 Katanin) ist für den Schneideprozess selbst jedoch nicht essenziell. Ihr wird *in vivo* die Lokalisierung von Katanin am Zentrosom von transfizierten Säugetierzellen zugeschrieben (Hartman, Mahr et al. 1998). Es ist also die zweite, 60 kDa schwere Untereinheit von Katanin, die für das Zerteilen des Mikrotubulus verantwortlich ist. Dem entsprechend konnte auch nur für die p60-Untereinheit ATPase[1] Aktivität nachgewiesen werden (Hartman, Mahr et al. 1998). 1999 konnten Hartman und Vale hinzufügen, dass auch nur p60 ATP (Adenosintriphosphat) hydrolysiert.

Hartman zeigte in seinem Paper 1998, dass es sich bei Katanin um ein Mitglied der AAA-Superfamilie (ATPases associated with various cellular activities) handelt und, dass die Hydrolyserate nicht nur von von ATP abhängt, sondern auch durch die Anwesenheit von Mikrotubuli stimuliert wird.

Es wurden auch erste Untersuchungen zur Oligomerisierung von Katanin unternommen.

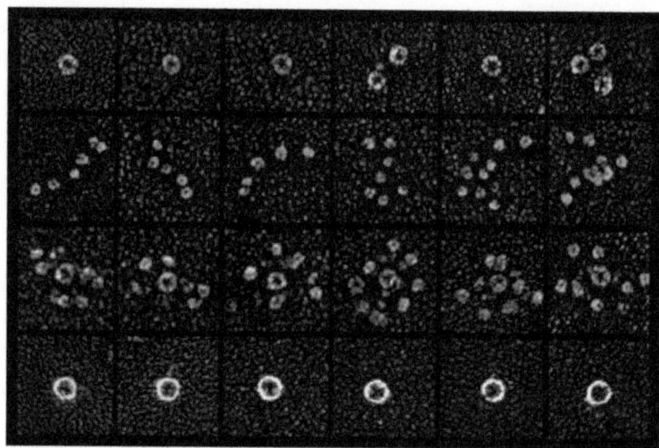

Abbildung 1.3: Elektronen-Mikroskop Aufnahmen von Kataninoligomeren. Obere Reihe: p60 Untereinheiten, zweite Reihe: p80 Untereinheiten von Katanin, dritte und vierte Reihe: Hier wurden p60 und p80 Untereinheiten zusammen exprimiert (Hartman, Mahr et al. 1998)

Wie in den elektronenmikroskopischen Aufnahmen in Abbildung 1.3 sichtbar, bildet Katanin tatsächlich Ringstrukturen. In der obersten Reihe sind reine p60 Oligomere visualisiert. P60 Monomere und Hexamere befinden sich wahrscheinlich stetig in einem reversiblen Gleichgewicht (Hartman and Vale 1999). Hierbei fanden sie außerdem durch eine FRET-Studie (fluorescence resonance energy transfer) heraus, dass die p60-Oligomerisierung von ATP und Mikrotubuli abhängig ist. Die Oligomerisierung von Katanin erhöht die Affinität von Katanin zum Mikrotubulus und stimuliert die ATPase Aktivität (Hartman and Vale 1999). Die hydrolysedefiziente Kataninversion p60 E334Q kann in Gegenwart von ATP oligomerisieren. Das heißt die Oligomerisierung ist ATP-abhängig, braucht jedoch keine Energie aus der Hydrolyse.

Wie die Bindung an den Mikrotubulus erfolgt konnte bislang nicht geklärt werden, man weiß aber, dass der N-Terminus die bindende Domäne enthält. Eine feste Bindung tritt auf, wenn

---

1 Adenosintriphosphatase: Aufspaltung von ATP(Adenosintriphosphat) in ADP (Adenosindiphosphat) und Pi (Orthophosphat)

das Protein ATP oder ATP Analoga gebunden hat, wodurch auch die Ringstruktur von p60 stabilisiert wird(Hartman, Mahr et al. 1998).

1.3.2 Postulierte Funktionsweise von Katanin

Hartman und Vale erschufen 1999 in ihrem Paper ein Bild des Schneideprozesses von Katanin. Dieses Modell ist in Abbildung 1.4 schematisch dargestellt.

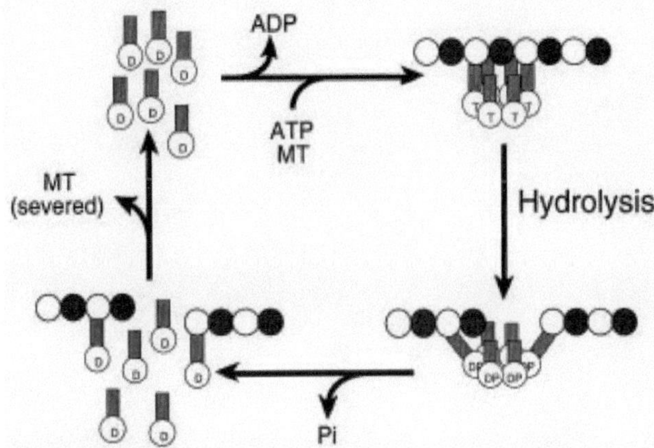

Abbildung 1.4: Modell für das Scheiden von Mikrotubuli durch Katanin. Aus Gründen der übersichtlichkeit ist nur ein einzelnes Protofilament des Mikrotubulus gezeigt. T, DP, und D stehen für ATP, ADP + P, und ADP. Entnommen aus (Hartman and Vale 1999)

Der Zyklusbeginn stellt Katanin im ADP(Adenosindiphosphat)-bindenden Zustand dar. Durch die Abgabe von ADP und die Aufnahme von ATP wird die Affinität zum Mikrotubulus und die Tendenz zur Oligomerisierung der Proteine deutlich erhöht. Als Hexamerring kann das Katanin unter ATP-Hydrolyse seine Konformation so ändern, dass es solchen mechanischen Stress auf die Tubulin-Tubulin Bindungen im Mikrotubulus ausübt, dass diese Bindungen aufbrechen. (rechts unten in Abbilung skizziert) Durch die Hydrolyse von ATP befinden sich die p60 Untereinheiten des Kataninhexamers nun in einem ADP bindenden Zustand. Dieser Zustand schwächt die Bindungen zu den anderen p60 Untereinheiten, sowie die Bindung am Mikrotubulus. Auf diese Weise kann das Hexamer wieder in einzelne p60 Monomere zerfallen, und den geschnittenen Mikrotubulus verlassen. So befindet sich das Katanin am Ende wieder im monomeren Ausgangszustand.

1.4 Motivation

So hat man inzwischen schon einige Informationen über den Schneideprozess von Katanin sammeln können, jedoch ist vieles immer noch ungeklärt. Wie verhält sich das Katanin am Mikrotubulus? In welchem Zusammenhang steht die Bindung am Mikrotubulus mit ATP?

Im Verlauf dieser Arbeit wurde versucht der Beantwortung dieser Fragen einen kleinen Schritt näher zu kommen.

2. Material und Methoden

2.1 Polymerisation der Mikrotubuli

Essenziell für die Versuche mit Katanin und deren Beobachtung mit dem Mikroskop[2] (Erläuterung unter 2.3 „Internes Totalreflektionsfluoreszenzmikroskop (TIRFM)") sind fluoreszenzmarkierte Mikrotubuli. Diese wurden aus Tubulin aus Schweinehirn, einem geringen Anteil an Alexa-555 markiertem Tubulin, und GTP mit einer Endkonzentration von 1 mM hergestellt. Im Detail wurde wie folgt vorgegangen:

Herstellung der Tubulinlösung:

1:50 Verdünnung	1:25 Verdünnung
49 µl Tubulin	48 µl Tubulin
1 µl Alexa-555-Tubulin	2 µl Alexa-555-Tubulin
0,5 µl GTP	0,5 µl GTP

Tabelle 1: Inhalt der Tubulinlösung

Polymerisation der Mikrotubuli:

Um Aggregate und Verunreinigungen zu entfernen wurde die Lösung zuerst bei 278.700 g abzentrifugiert. Der Überstand wurde dann je in einem 1,5 ml Eppendorf Gefäß bei 36°C 40 Minuten inkubiert. Um die Depolymerisation zu verhindern wurde nach 20 min Taxol in einer Endkonzentration von 20 µM hinzugegeben.

Säuberung der Mikrotubuli:

Mittels 200 µl Saccherosekissen (40%) wurden die polymerisierten Mikrotubuli von freien Tubulindimeren und übrigem GTP getrennt. Dazu wurden die mikrotubulihaltigen Lösungen auf das Kissen pipettiert und für 10 min bei 278.700 g abzentrifugiert. Dabei wurde darauf geachtet, dass alle Bestandteile der Ultrazentrifuge eine Temperatur von 36°C hatten. Nun konnte mit dem Kissen die unpolymerisierten Tubulindimere und das überschüssige GTP abgenommen werden. Die Mikrotubuli die in einem Pellet unten am Zentrifugenröhrchen kleben wurden mit 200 µl warmem BRB80+ gewaschen und dann in 50 µl BRB80+ resuspendiert. Die erwünschte Verdünnung wurde nun unter Kontrolle am TIRFM durch Zugabe von BRB80-Puffer erreicht.

---

2 Genaue Angaben zu allen verwendeten Materialien befinden sich in 2.5 Verwendetes Material.

Der BRB80-Puffer ist aus folgenden Bestandteilen zusammengesetzt:

- 80 mM Pipes-KOH pH 6,85

- 2 mM $MgCl_2$

- 2,5 mM Mg-Acetat

- 0,5 mM EGTA

BRB80+ enthielt zusätzlich Taxol in einer Endkonzentration von 20 µM.

2.2 Herstellung der Flusskammer und Reaktionsansatz

Für die Herstellung der Flusskammern wurden biologisch gereinigte, silanbeschichtete Deckgläschen verwendet. Als Begrenzung der späteren Flusskammer wurden im Abstand von etwa 7 mm zwei Vakuumfettstreifen platziert. Darauf wurde ein kleineres Deckgläschen gelegt und angedrückt, sodass ein Zwischenraum von etwa 0,5 mm zwischen den beiden Gläschen bestehen bleibt, der an zwei gegenüberliegenden Seiten durch Vakuumfett verschlossen ist. An den beiden anderen Seiten bleibt das so entstandene Reservoir offen. Hier kann man verschiedene Lösungen hinein pipettieren.

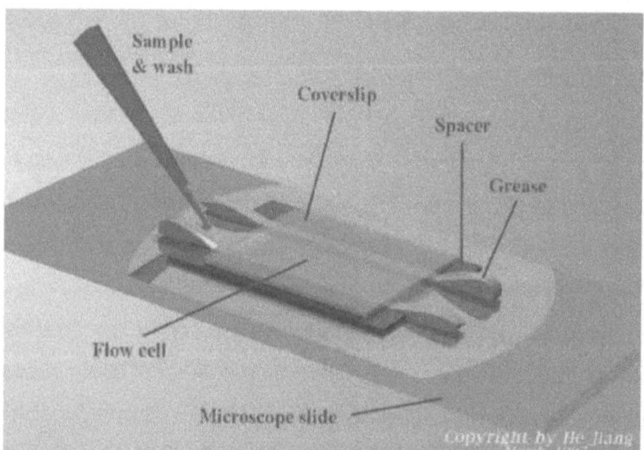

Abbildung 2.1: Schema einer Flusskammer: Als Objektträger wurde wie im Text beschrieben ein Deckgläschen verwendet. Außerdem wurden keine Abstandhalter verwendet.
(Quelle: http://dir.nhlbi.nih.gov/labs/lmc/cmm/images/flowcell.jpg)

Reaktionsansatz:

Die Befestigung von ALEXA-555-markierten Mikrotubuli in der Flusskammer erfolgte mit Hilfe eines Antikörpers. Danach werden übrige Bindestellen mittels Pluronic®-F127 (Sigma) blockiert. Zuletzt wird GFP-markiertes Katanin und ATP, beziehungsweise ATP-Analoga[3] in die Flusskammer gegeben, und sofort mit der Beobachtung am Mikroskop begonnen.

Die eben genannten Schritte wurden im Detail wie folgt unternommen:

1) Auf Eis gelagertes Anti-β-Tubulin wird 1:300 bis 1:500 mit BRB80-Puffer verdünnt, davon 100 µl in die Kammer gebracht, und 5 Minuten gewartet bis sich der Antikörper an die Deckgläschen-Oberfläche gebunden hat.

2) Aus einem Teil Taxol und 200 Teilen BRB80-Puffer wurde BRB80+ hergestellt. ALEXA-555-markierte Mikrotubuli, wurden mit der 400-fachen Menge BRB80+ verdünnt. Je nach Zustand der Mikrotubuli wurde die Verdünnung angepasst. Davon wurden 100 µl in die Flusskammer gebracht und für 5 min inkubiert, sodass die Mikrotubuli am Antikörper binden konnten.

3) Nun wurde mit 200 µl BRB80 inklusive 5 % (w/v)[4] Pluronic®-F127 gespült, um zum einen die restlichen nicht gebundenen Mikrotubuli heraus zu waschen und zum anderen, damit das Pluronic®-F127 die noch unbelegten Bindungsstellen am Antikörper blockiert.

4) Frisch aufgetautes GFP-markiertes Protein wurde in der Ultrazentrifuge für 10 min bei 4°C, 278.700 g, von Verunreinigungen getrennt. Der Überstand mit dem Protein wird abpipettiert und 1µl mit 20 bis 40 µl BRB80-Puffer mit Pluronic®-F127 gemischt. Separat wurden 50 µl BRB80+ mit Pluronic®-F127 mit 1 µl ATP versehen. In diese Lösung wurden 0,5 µl der GFP-Katanin Lösung pippetiert. Anschließend wurden davon 50 µl in die Flusskammer gegeben und sofort die Beobachtung unter dem Mikroskop begonnen.

Schritt 4 musste schnell erfolgen, da das Katanin seine Aktivität beginnt sobald es mit ATP in Berührung kommt. Um die Aktivität einzelner Katanin-Oligomere am Mikrotubuls sichtbar zu machen wurde ein TIRF Mikroskop verwendet, das an eine EM CCD-Kamera angeschlossen war, wodurch Bilder auf einem Computer zur späteren Analyse gespeichert werden könnten.

---

3 Als ATP-Analoga wurden ATP-γS (Adenosin-5´-(γ-thio)-triphosphat) und AMPPNP (Adenosin-5´-(β, γ-imido)-triphosphat) verwendet. ATP-γS wird von Katanin langsamer hydrolysiert als ATP und AMPPNP, kann nicht hydrolysiert werden.

4 w/v ist der Gewichtsanteil am Gesamtvolumen

Die Funktionsweise des TIRF Mikroskop (total internal reflection fluorescence) wird im Folgenden erläutert.

2.3 Internes Totalreflektionsfluoreszenzmikroskop (TIRFM)

Die Besonderheit der TIRFM liegt darin, dass die Probe nicht durchleuchtet wird. Stattdessen wird der Anregungslichtstrahl an der Oberfläche der Probe reflektiert. Dies hat den Vorteil dass Beugungseffekte und das daraus entstehende Rauschen deutlich verringert wird. Außerdem wird es möglich nur in einem sehr kleinen Teil der Probe durch das Feld des eingestrahlten Lichts Floureszenz anzuregen und somit einzelne Ereignisse detektieren zu können. Das Bild kann am Computer ausgegeben werden. Das Funktionsprinzip des Mikroskops wird in Abbildung 2.2 veranschaulicht und die physikalischen Grundlagen im Anschluss erklärt.

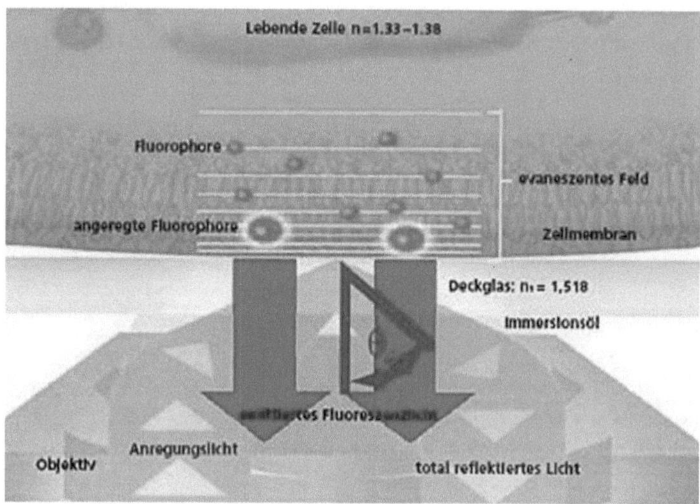

Abbildung 2.2: Funktionsprinzip eines TIRFM.
(Quelle: applications.zeiss.com/C125792900358A3F/0/
A707C7162DB9ED87C12579060047F521/$FILE/60-2-0022_d.pdf, S. 10)

Das Brechungsgesetz von Snellius bringt Ein- und Ausfallswinkel eines Lichtstrahls mit den Brechungsindizes der beiden Medien (1 und 2) in Verbindung, an deren Grenzfläche er gebrochen wird.

$$n_1 \sin \alpha_1 = n_2 \sin \alpha_2$$

Brechungsgesetz von Snellius

Für eine totale Reflektion muss also prinzipiell das Medium, an dessen Oberfläche reflektiert werden soll optisch dünner sein als das andere. Dann kann man durch Einstellen einen flachen Einfallswinkel totale Reflektion erhalten. Da das elektromagnetische Feld des eingestrahlten Lasers an der Grenzfläche zum anderen Medium auch bei der totalen Reflektion nicht unstetig auf Null fällt, sondern stattdessen im Medium 2 exponentiell abfällt, erhält man dort ein so genanntens evaneszentes Feld. Dieses elektromagnetische Feld dringt nur etwa 100 bis 200 nm in die Probe ein. Im Experiment hier ist das zweite Medium die Flusskammer mit den darin enthaltenen Fluorophoren. Diejenigen die sich innerhalb des evaneszenten Feldes befinden werden angeregt.

Das Fluoreszenzlicht wird durch einen Filter geleitet, sodass nur eine Wellenlänge aufgenommen wird. So wird der Hintergrund weiter vermindert.

Durch die Markierung der Mikrotubuli und des Katanins mit unterschiedlichen Farben und der Filterfunktion des Mikroskops kann man die Bilder der beiden Moleküle einzeln aufnehmen.

2.4 Datenanalyse

Mit der CCD Kamera werden 7,73 Bilder pro Sekunde aufgenommen, welche dann zu einem Video zusammengefügt werden. Aus diesen Aufnahmen wurden unter Verwendung des Programms ImageJ und des zugehörigen Plug-Ins „Multiple Kymograph" Kymographen erstellt. Diese wurden dann manuell ausgewertet. Da Kymographen das wichtigste Werkzeug zur Analyse der Kataninaktivität waren, wird dies in Abbildung 2.3 visualisiert und im Folgenden näher erläutert.

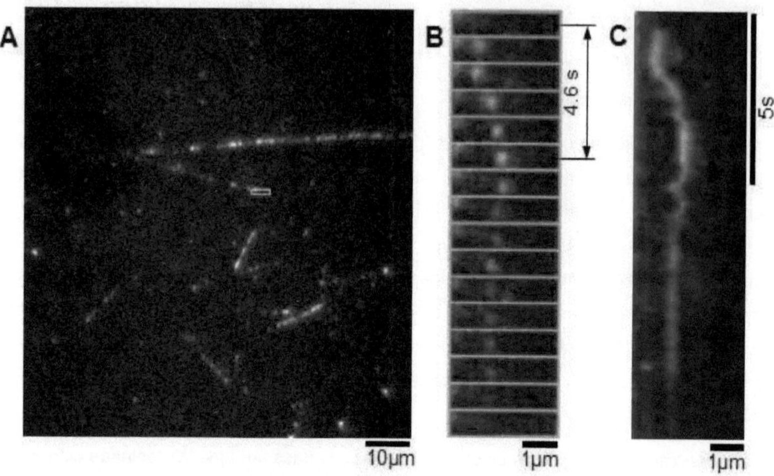

Abbildung 2.3: Visualisierung der Erstellung eines Kymographen. A: Eine Aufnahme der Bildfolge, darin befindet sich gelb umrandet der Interessensbereich. B:Hier wurde der Interessensbereich im Abstand von 0.77s untereinander abgebildet. C: Der Interessensbereich wurde auf eine Dimension dezimiert und über die Zeit aufgetragen.

Um einen Kymographen zu erstellen wird über die Länge eines Mikrotubulus in der Videoaufnahme eine Linie gelegt. Diese Linie stellt im Kymographen die x-Achse dar. Die y-Achse ist durch den zeitlichen Verlauf des eindimensionalen Bildes gegeben. Auf diese Weise können Aktionen einzelner Proteine, wie das Binden an den Mikrotubulus, Diffusion auf demselben, Interaktion mit anderen Proteinen, sowie der Zeitpunkt des Lösens vom Mikrotubulus quantitativ gemessen und analysiert werden. Um dabei einzelne Proteine verfolgen zu können ist es wichtig, dass die Konzentration der Proteine so gering ist, dass sie als einzelne helle Punkte auf dem Mikrotubulus erkennbar sind.

2.5 Verwendetes Material

2.5.1 Verbrauchsmaterialien und Geräte

- Deckgläser 18x18 mm und 24x60 mm von Carl Roth GmbH & Co. KG, Karlsruhe

- Filtereinheiten für Einmalspritzen (steril) Filtropus S 0,22 von Sarstedt AG & Co., Nürnbrecht

- Kolbenhub Pipetten 2, 10, 20, 100, 200, 1000 µl von Gilson, Middleton, USA

- Pipettenspitzen 10, 200, 1000 µl von Sarstedt AG & Co., Nürnbrecht

- Reaktionsgefäße 0.5, 1, 2 ml von Carl Roth GmbH & Co. KG, Karlsruhe

- Latex-Untersuchungshandschuhe von HPC Healthline, Morden, UK

- Anti-β-Tubulin Antikörper von Sigma-Aldrich, St. Louis, USA

- ALEXA Fluor® 555 von Invitrogen, Karlsruhe

- 2-Mercaptoethanol von Carl Roth GmbH & Co. KG, Karlsruhe

- ATP, ATP-γS (Adenosin-5´-(γ-thio)-triphosphat), AMPPNP (Adenosin-5´-(β, γ-imido)-triphosphat) von Jena Bioscience, Jena

- Paclitaxel von AppliChem GmbH, Darmstadt

- Pluronic® F127 von Sigma-Aldrich, St.Louis, USA

- Thermomixer Compact von Eppendorf, Hamburg

- TIRF-IX71 Mikroskop von Olympus, Hamburg

- Milli-Q Plus Wasserfilteranlage von Millipore GmbH, Schwalbach

- PerfectSpin 24 R Mikrokühlzentrifuge von PEQLAB Biotechnologie GmbH, Erlangen

2.5.2 Software

- Verarbeitung der Bilder des TIRFM: Cell R von Olympus Soft Imaging Solutions

- Analyse der Bilder: ImageJ 1.6.0_20 von Wayne Rasband

- MultipleKymograph-Plugin für ImageJ von J. Rietorf und A. Seitz

- Analyse der Daten: OriginPro von OriginLab Corporation

3. Ergebnisse und Diskussion

3.1 Charakteristik der Kymographen von Katanin mit ATP und ATP Analoga

Um die Bindung von Katanin an Mikrotubuli zu quantifizieren wurden Flusszellen hergestellt, in denen fixierte Mikrotubuli mit Katanin und ATP inkubiert wurden (vgl. 2.4 Datenanalyse) Bindungsereignisse von fluoreszenzmarkiertem Katanin an Mikrotubuli wurden mittels TIRF-Mikroskopie zeitaufgelöst beobachtet. Um die Bindedauern und Landeraten zu messen, wurden Kymographen verwendet. Auf der x-Achse wird die Länge des Mikrotubulus aufgetragen, auf der y-Achse die Signale desselben in aufeinander folgenden Einzelbildern. Zur Auswertung der Messergebnisse wurden, wie in Kapitel 2.4 beschrieben, Kymographen der Proteine auf den einzelnen Mikrotubuli erstellt. Durch eine rein qualitative Analyse der Kymographen erkennt man schon deutliche Unterschiede zwischen den Rekationsansätzen mit den verschiedenen Nukleotiden. In Abbildung 3.1 ist ein beispielhafter Vergleich zu sehen. Es ist je ein Ausschnitt aus einem Kymographen zu sehen von jedem der drei verschiedenen Reaktionsansätze.

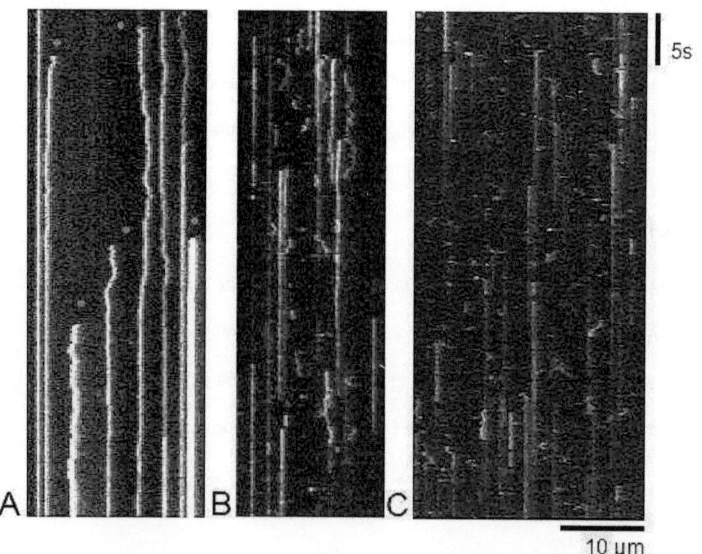

Abbildung 3.1: Bildcharakteristik von Fluoreszenzmarkiertem Katanin am Mikrotubulus. Die Abbildung zeigt Kymographen von Katanin in Gegenwart verschiedener Nukleotid-Analoga. (A) Reaktionsansatz mit AMPPNP, (B) mit ATP-yS, (C) mit ATP; Der analysierte Mikrotubulus liegt auf der x-Achse, der Zeitverlauf der Fluoreszenz ist in y-Richtung aufgefächert. Die Bilder wurden auf den gleichen Maßstab normiert.

Bei dem Vergleich der drei Kymographenausschitte in Abbildung 3.1 zeigen sich bemerkenswerte Unterschiede:

1) Die Intensität der Signale ist in (A) am höchsten und auch die räumliche Ausdehnung ist größer. Während beides in (C) am wenigsten ausgeprägt ist.

2) Die Dauer der Signale nimmt von (A) bis (C) deutlich ab. Dies geht so weit, dass in (A) kein Signal das einmal aufgetaucht ist wieder erlischt.

3) Die Auslenkung in x-Richtung ist ebenfalls unterschiedlich stark. Insbesondere die Steilheit derer ist verschieden. Die Signale in (A) weichen nur geringfügig von ihrer ursprünglichen Position auf der x-Achse ab. Währenddessen lenken die Signale in (C) oftmals innerhalb eines sehr kurzen Zeitintervalls stark in x-Richtung aus.

Dies deutet auf Folgendes hin:

Die Proteine in (A) sind zwar in der Lage am Mikrotubulus zu binden, allerdings findet keine Dissoziation statt. Dafür muss die fehlende Hydrolysierbarkeit von AMPPNP verantwortlich sein. Offensichtlich braucht das Protein keine Energie um am Mikrotubulus zu binden, jedoch muss es sein Nukleotid hydrolisieren um diese Bindung wieder zu lösen.

Auch der Oligomerisationsgrad scheint bei AMPPNP erhöht zu sein. Die Intensität der einzelnen Signale ist sehr hoch. Da jedes Protein nur einfach GFP-markiert ist, müssen sich hier die Intensitäten von mehreren GFP-Molekülen überlagern. Diese Beobachtung deutet auf eine höhere Bindungsaffinität auch zu anderen p60 Molekülen im ATP bindenden Zustand hin.

Im Gegensatz dazu binden im Kymographen, der unter Einfluss von ATP-γS entstand, deutlich mehr neue Partikel. Vor allem dissoziiert der überwiegende Großteil der Partikel auch wieder vom Mikrotubulus. Die Intensität der einzelnen Signale ist wesentlich geringer als bei AMPPNP was auf einen durchschnittlich geringeren Oligomerisierungsgrad hindeutet.

Die Kymographen mit ATP im Reaktionsansatz unterscheiden sich optisch nicht sehr von denen mit ATP-γS. Das Bild lässt eine noch höhere Bindefrequenz mit noch kürzerer Bindedauer vermuten. Außerdem macht es den Eindruck als ob noch mehr recht niedrig intensive Signale vorhanden wären.

Während der optischen Auswertung der Kymographen konnte einmal eine Oligomerisierung direkt am Mikrotubulus beobachtet werden. Der entsprechende Kymographenausschnitt wird in Abbildung 3.2 gezeigt.

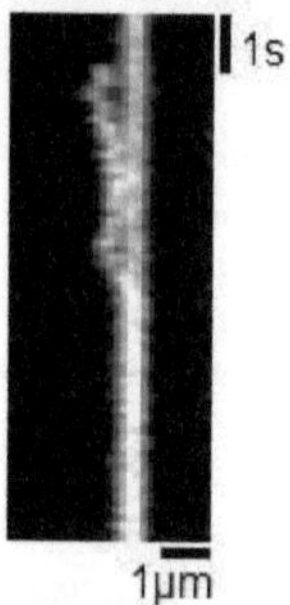

Abbildung 3.2: Kmographenausschnitt einer Aufnahme mit AMPPNP. Hier ist eine Oligomerisation zu beobachten.

Man erkennt hier deutlich wie in der Nähe eines bereits vorhandenen Signals ein zweites auftaucht, das sich dann ein wenig hin und her bewegt, sich schließlich mit dem ersten Signal zu vereinen. Der weitere Verlauf dieses Signals konnte nicht als Bild in dieser Arbeit dargestellt werden, weil dieses Bild ein äußerst unpraktikables Format hat. Im Rahmen der Auswertung wurde es jedoch genau untersucht, und im Verlauf der Aufnahme konnte keine Trennung der beiden Signale mehr festgestellt werden.

Um den Vermutungen zu denen die optische Analyse der Kymographen verleitet auf den Grund zu gehen wurde eine quantitative Auswertung durchgeführt. Dazu wurden Bindedauer und Bindefrequenz manuell aus den Kymographen ausgemessen. Die Ergebnisse dazu werden im Folgenden präsentiert.

3.2 Quantitative Untersuchung der Kymographen

Um die Bindefrequenz zu ermitteln wurde die Anzahl der Ereignisse im Kymographen manuell gezählt und auf 10 µm Mikrotubuluslänge und eine Minute normiert. Auf diese Weise können die Ergebnisse der verschiedenen Reaktionsansätze gut miteinander verglichen werden. Die Werte für die Bindedauer wurden ermittelt, indem die Länge der einzelnen Signale im Kymographen gemessen wurden und diese über die Dauer des Videos in Sekunden umgerechnet wurden. Aus diesen Einzelwerten wurde der Mittelwert gebildet. Die Ergebnisse sind in Tabelle 1 zusammengefasst. Als Fehler wurde bei der Bindedauer die Standardabweichung der Einzelwerte vom Mittelwert angegeben. Bei der Bindefrequenz erschien es am sinnvollsten die Schwankung zwischen den ausgewerteten Mikrotubuli für die Fehlerrechnung zu verwenden. Wegen der geringen Zahl an Werten deren Abweichung einging, wurde der endgültige Fehler mittels Student-t Verteilung berechnet (abgeleitet aus „Hinweise zur Beurteilung von Messungen, Messergebnissen und Messunsicherheiten (ABW)" aus der Praktikumsseite der TUM). Die Aussagekraft der Ergebnisse wird durch die Angabe der ausgewerteten Ereignisse angegeben.

	Bindefrequenz (Mittelwert ± Stdabw) (pro 10µm min)	Bindedauer (Mittelwert ± Stdabw) (s)	Anzahl der ausgewerteten Ereignisse
AMPPNP	2.06 ± 0.24	245.9 ± 95.07	127
ATP-γS	8.73 ± 0.14	10.05 ± 34.38	442
ATP	14.08 ± 5.42	4.02 ± 5.84	580

Tabelle 2: Bindefrequenz und Bindedauer von Katanin

Der relativ hohe Fehler bei der Bindefrequenz unter ATP-Bedingungen konnte im Nachhinein auf einen bestimmten ausgewerteten Mikrotubulus zurückgeführt werden, bei dem die Rate deutlich die der beiden anderen übersteigt. Leider ist nicht nachvollziehbar ob es sich hier um natürliche Fluktuationen handelt, oder ob bei dieser Flusskammer möglicherweise ein systematischer Fehler unterlaufen ist. Auf die noch höheren Abweichungen in der Bindedauer wird später noch genauer eingegangen.

3.2.1 Bindefrequenz

Die in Tabelle 1 dargelegten Werte für die Bindefrequenz zeigen eine eindeutige Charakteristik. Je „besser" das Nukleotid hydrolysiert werden kann, desto höher ist auch die Anzahl der Bindeereignisse pro 10 µm und Minute am Mikrotubulus. Die erste Intuition würde den Beobachter wohl dazu veranlassen zu glauben, dass die Bindeaffinität eben doch höher sein muss bei hydrolysierbarem Nukleotidzusatz. Bei genauerem Studium und unter in Betrachtnahme der Erkenntnisse aus der visuellen Untersuchung der Kymographen wird klar, dass dieser erste Erklärungsversuch eher unwahrscheinlich ist. Stattdessen drängt sich eine Erklärung durch Kombination von zwei wahrscheinlicheren Phänomenen auf:

1) Es besteht ein linearer Zusammenhang mit dem Oligomerisierungsgrad: Bei der gleichen Anzahl von p60 Untereinheiten in der Flusskammer sind weniger Oligomere in der Flusskammer vorhanden je mehr Proteine durchschnittlich zu einem Oligomer gebündelt sind. Dem entsprechend können dann natürlich auch weniger Bindeereignis-

se stattfinden. Umgekehrt bindet ein Protein mit mehr Bindestellen wahrscheinlicher. Dieser Effekt ist jedoch schwächer.

2) Die Bindedauer ist nicht entkoppelt von der Bindefrequenz: Je schneller ein Partikel vom Mikrotubulus dissoziieren kann, desto schneller kann er auch erneut binden. Insgesamt kann ein Partikel mit einer sehr kurzen durchschnittlichen Bindedauer also sehr oft ein Bindeereignis erzeugen. Somit tritt er natürlich auch öfter in der Statistik auf. Ein Kataninenzym das AMPPNP gebunden hat und deshalb über die ganze Länge des Videos nicht vom Mikrotubulus dissoziiert kann natürlich auch nur einmal in der Statistik auftauchen. Bindedauer (BD) und Bindefrequenz (BF) sind also über die Konzentration indirekt proportional gekoppelt.

$$BF \sim Konz. \sim \frac{1}{BD}$$

Daher lässt sich vermuten, dass die Bindeaffinität anfänglich gleich ist, egal welches Nukleotid es gebunden hat. In Abhängigkeit von der Hydrolisierungsmöglchkeit des Nukleotids jedoch ändert sich die Dissoziationswahrscheinlichkeit vom Mikrotubulus als auch die Deoligomerisationswahrscheinlichkeit.

3.2.2 Bindedauer

Die durchschnittliche Bindedauer von Katanin am Mikrotubulus hängt offensichtlich stark vom vorhandenen Nukleotid ab. Die Ergebnisse aus Tabelle 1 zeigen, dass sich das Protein unter Einfluss von ATP am schnellsten wieder vom Mikrotubulus löst, bei ATP-γS braucht es länger. Dies stützt die Theorie (Hartman und Vale, 1999), dass Katanin im ADP-bindenden Zustand leichter vom Mikrotubulus dissoziieren kann, da es zur Hydrolyse von ATP-γS länger braucht und somit später in den ADP bindenden Zustand gelangt, und sich dann, nach erwähnter Theorie erst später vom Mikrotubulus lösen würde.

Die allgemein sehr hohe Standardabweichung der Werte hat folgenden Grund: In jedem Kymographen waren einzelne Signale die sehr lang im Vergleich zu allen anderen waren, es gab auch in jedem Kymographen Signale die über die ganze Aufnahme zu sehen waren. Oftmals diffundierten diese vermeintlichen Partikel auch nicht. Es könnte gut sein, dass diese Ergebnisse keine sinnvollen Messergebnisse sind, sondern vielleicht eine Art Untergrund darstellen. Möglicherweise handelt es sich hier um Katanineinheiten, die unspezifisch in der Nähe des Mikrotubulus gebunden haben. Es könnte auch sein, dass hier der Mikrotubulus durchscheint, indem leichte Unregelmäßigkeiten im Spektrum des Farbstoffes auftreten, die dann im „grünen Kanal" mit ausgelesen werden. Eine weitere mögliche Ursache wären schlicht Verunreinigungen, auf der Linse des Mikroskops. Verunreinigungen am Deckgläschen sind eher unwahrscheinlich, da diese aufwändig gereinigt werden. Mit Hilfe von Histogrammen können diese Unregelmäßigkeiten in den Messdaten sichtbar gemacht werden, und aus der Analyse der Bindedauer ausgeschlossen werden. In 3.3 „Quantitative Analyse der Bindedauer" wurde diese Analysemethode durchgeführt.

Der Wert für die durchschnittliche Bindedauer von Katanin in Anwesenheit von AMPPNP in Tabelle 1 muss unter folgendem Aspekt betrachtet werden. Die Aufnahmen die vom Bild des TIRF Mikroskops gemacht wurden waren größten Teils etwa 336 s lang. Das bedeutet, dass die Bindedauer selbst wenn sie eigentlich unendlich wäre, in dieser Auswertung höchstens 336 s lang sein könnte. Zusätzlich spielt noch folgender Effekt in den Wert in der Tabelle mit ein: Einige Partikel banden erst später am Mikrotubulus. Wenn sie bis zum Ende des Videos am Mikrotubulus bleiben, ist ihre beobachtete Bindedauer trotzdem kürzer als 336 s. So begründet sich auch die überaus hohe Standardabweichung bei diesem Wert.

Die durchschnittliche beobachtete Bindedauer in Form eines Wertes darzustellen ist also wenig repräcentativ. Aus diesem Grund wurde eine andere Analyse- bzw. Darstellungsmethode gefunden.

3.3 Quantitative Analyse der Bindedauer

3.3.1 Analyse der Bindedauer von Katanin mit AMPPNP

Wie bereits im vorherigen Kapitel erwähnt ist die gemessene Bindedauer im Reaktionsansatz mit AMPPNP durch die Länge der Aufnahmen begrenzt. Um dies zu veranschaulichen sind in Abbildung 3.3 einige vollständige Kymographen gezeigt und die ausgemessenen Bindedauern in einem Histogramm veranschaulicht.

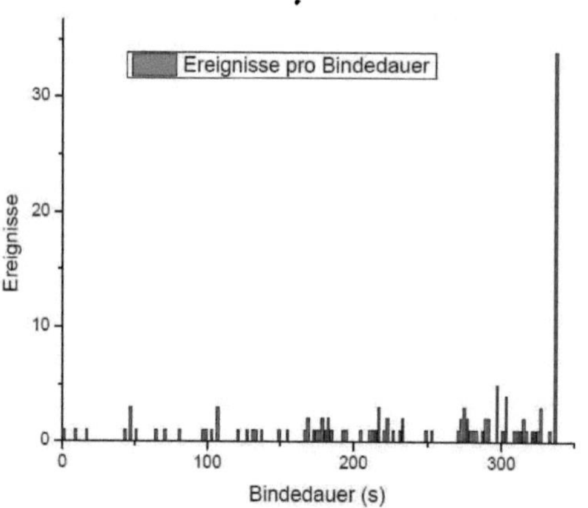
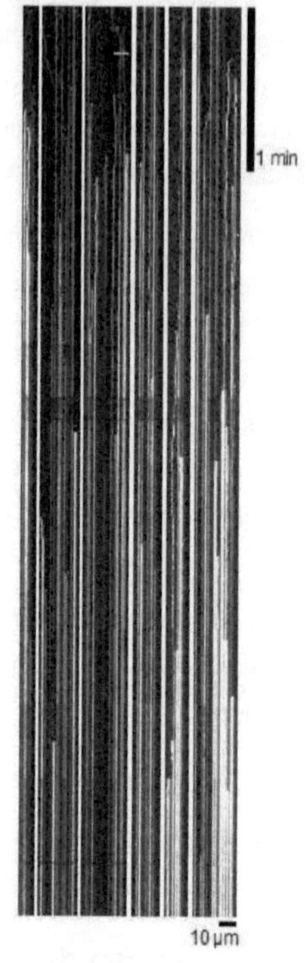

Abbildung 3.3: **Oben:** Histogramm der gemessenen Bindedauer von Katanin am Mikrotubulus im Reaktionsansatz mit AMPPNP. Der Peak am Ende befindet sich bei genau 336.34 Sekunden. Die anderen Ereignisse wirken eher zufällig verteilt. Es kann keine Verteilung erkannt werden - weder exponentiell, noch anders.
Rechts: Hier werden die Kymographen von 6 Mikrotubuli nebeneinander gezeigt. Es kommen im Verlauf der Zeit immer mehr Signale hinzu, jedoch bleiben alle bis zum Ende der Aufnahme bestehen. Man erkennt hier auch woher die Ereignisse im Histogramm kommen, die nicht Teil des Peaks am Ende sind: Die gemessene Bindedauer von Signalen die erst am Ende des Videos erscheinen ist natürlich kürzer als das Video.

Man erkennt in Abbildung 3.3, dass die gemessenen Bindedauern im Histogramm keiner exponentiellen Verteilung folgen. Auffällig ist nur der Peak am Ende, wo die Bindedauer mit der Länge der Aufnahme übereinstimmt. Bei Betrachtung der Kymographen wird klar warum die Ereignisse im Histogramm so verteilt sind. Die Ereignisse, die kürzer als 336 s sind, beruhen hauptsächlich auf Signalen die erst später im Verlauf der Aufnahme am Mikrotubulus erschienen. Auf diese Weise lässt sich also über die Bindedauer an sich nichts aussagen, außer dass sie im Schnitt länger als die Aufnahmezeit sein muss.

Eine Möglichkeit für zukünftige Messungen wäre, die Intervalle in denen einzelne Bilder aufgenommen werden deutlich zu erhöhen, um bei gleichbleibender Datenmenge einen deutlich größeren Zeitraum zu umfassen. Durch eine solche Messung würde wahrscheinlich bewiesen was auf Grund der folgenden Ergebnisse vermutet wird.

Aufgrund der eben beschriebenen Beobachtungen wurden die Kymographen neu ausgewertet. Dieses mal unter einem anderen Gesichtspunkt. Es wurde ausgezählt wieviele Signale im Verlauf des Videos erlöschen („partial binding"), und wie viele, wenn sie einmal erschienen sind bis zum Ende des Videos sichtbar bleiben („full binding").

Die Ergebnisse dieser Auszählung sind in Abbildung 3.4 veranschaulicht.

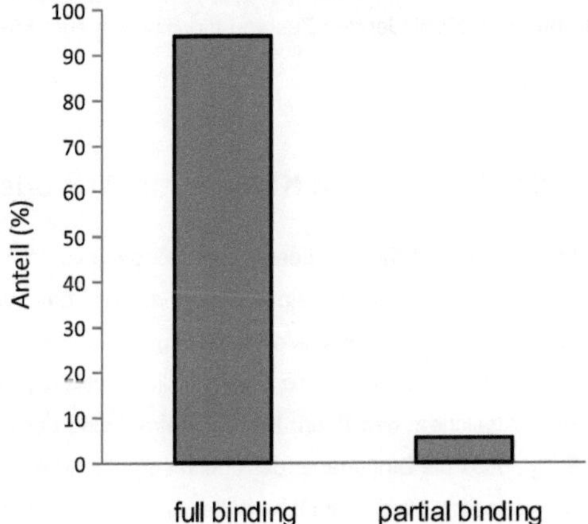

Abbildung 3.4: Bindungscharakteristik von Katanin unter Zugabe von AMPPNP. Full binding bedeuted, dass keine Dissoziation im Rahmen der jeweiligen Aufnahme beobachtet werden konnte. Partial binding ist der Anteil an Bindungen die nicht bestehen blieben. Es wurden 127 Bindungen über 336.43 s beobachtet.

Man erkennt hier, dass der überwiegende Großteil der Signale, wenn sie einmal in der Aufnahme erscheinen, nicht mehr erlöschen. Etwa 5 % der 127 beobachteten Signale dagegen verschwinden im Laufe der Aufnahme wieder. Die wahrscheinlichste Ursache hierfür liegt im verwendeten Fluoreszenzfarbstoff. GFP hat die Eigenheit manchmal zu „blinken" beziehungsweise einfach durch die nötige Belichtung durch den Laser zu bleichen. Im Kymographen sieht ein blinkender Farbstoff so aus, als würde ein Protein am Mikrotubulus binden, sich wieder lösen, und dann an der selben Stelle ein neues Protein binden. Ein erlöschender Farbstoff erscheint so, als ob das Protein sich vom Mikrotubulus löst, obwohl dies nicht des Fall ist. Der reguläre Hintergrund, so wie in den anderen Punkten erwähnt fällt in dieser Messung weniger ins Gewicht da er sich wahrscheinlich relativ gleichmäßig in beiden Anteilen wiederfindet.

Im Anbetracht dieser Überlegungen kann man einige interessante Erkenntnisse aus der Analyse ziehen:

Die Statistik deutet auf die Verhinderung der Dissoziation durch Einsetzen eines nicht hydrolysierbaren Nukleotids hin. Es scheint also als wäre Katanin theoretisch ohne die Hydrolyse des Nukleotids nicht in der Lage den Mikrotubulus wieder zu verlassen. Damit deutet die Untersuchung der Bindedauer zunächst auf eine Unterstützung des Modells von Hartman und Vale, nachdem Katanin nur im ADP bindenden Zustand die Bindung zum Mikrotubulus lösen kann.

3.3.2 Analyse der Bindedauer von Katanin mit ATP oder ATP-γS

Obwohl die Werte für die durchschnittliche Bindedauer unter Zugabe von ATP-γS und ATP in Tabelle 2 schon sinnvoll wirkten, fiel im Nachhinein auch hier auf was den Wert für die Standardabweichung vergrößerte und höchstwahrscheinlich die Ergebnisse eher verfälscht. Möglicherweise verfälschten hier Hintergrundsignale die Statistik, die vielleicht von Verunreinigungen auf dem Objektiv oder Ähnlichem herrühren. Bei der Betrachtung der einzelnen Bindedauern für ATP war auffällig, dass die Bindedauer der überwiegenden Mehrheit in etwa übereinstimmte. Einzelne Signale jedoch blieben auch hier über einen großen Teil, manche sogar über die ganze Aufnahme im Sichtfeld der Kamera. Dabei handelt es sich zwar um sehr vereinzelte Ereignisse, jedoch fallen diese durch ihre überdimensionale Dauer des Signals schwer ins Gewicht.

In einem Histogramm wird die Verteilung der einzelnen Werte sichtbar. Dadurch kann das eben erklärte Problem behoben werden:

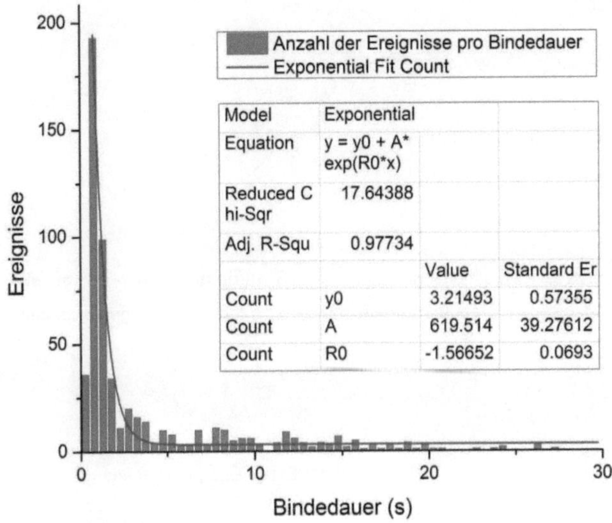

Model	Exponential		
Equation	y = y0 + A* exp(R0*x)		
Reduced C hi-Sqr	17.64388		
Adj. R-Squ	0.97734		
		Value	Standard Er
Count	y0	3.21493	0.57355
Count	A	619.514	39.27612
Count	R0	-1.56652	0.0693

Abbildung 3.5: Histogramm der gemessenen Bindedauer von Katanin am Mikrotubulus im Reaktionsansatz mit ATP. Vereinzelte Ereignisse mit einer Bindedauer über 30 Sekunden wurden hier nicht berücksichtigt. Die Bin-Weite beträgt 0,5 Sekunden. In Blau ist außerdem die exponentielle Fitkurve eingezeichnet. Die zu Grunde liegende Funktion und die Werte für die einzelnen Parameter sowie deren Abweichung sind in der Tabelle angegeben.

Die x-Achse wurde in Abbildung 3.5 bei 30 s abgeschnitten, damit die Verteilung am Anfang der Achse besser zu erkennen ist. Durch den Verlauf der Ereignisanzahl zwischen 10 und 30 Sekunden kann man erahnen wie der weitere Verlauf aussehen wird. Vereinzelte Bindungen dauerten bis über 300 s an.

Die in Abbildung 3.5 angegebene Gleichung für die Fitkurve wurde von Origin ausgegeben. „Reduced Chi Sqrd" gibt die Genauigkeit des Fits an. Bei einem idealen Fit läge dieser Wert bei 1. „y0" ist der „Hintergrund" der wie oben erwähnt höchstwahrscheinlich aus Fehlern beim manuellen Auslesen der Daten, von Verunreinigungen am Deckgläschen oder des Objektivs oder auch von durchscheinenden Mikrotubuli stammt. „A" gibt die Zahl der zur Zeit t=0 am Mikrotubulus gebundenen Proteine an. „R0" gibt die Steigung des Abfalls der Kurve an. Diese steht in einfachem mathematischen Zusammenhang mit der durchschnittlichen Bindedauer (τ).

Dadurch kann nun ein repräsentativerer Wert für die durchschnittliche Bindedauer τ berechnet werden. Dazu muss die in Abbildung 3.5 angegebene Gleichung mit folgender Formel verglichen werden.

$$y = y_0 + A \cdot e^{-\frac{1}{\tau}x} \quad \Rightarrow \quad \tau = -\frac{1}{R_0}$$

$$\Rightarrow \quad \tau_{ATP} = 0.64 \ s \pm 0.03 \ s$$

ATP-γS:

Mit den Messdaten zum Reaktionsansatz mit ATP-γS wurde genauso verfahren wie mit ATP. Das daraus entstehende Histogramm unterscheidet sich jedoch in einigen Aspekten von Abbildung 3.5.

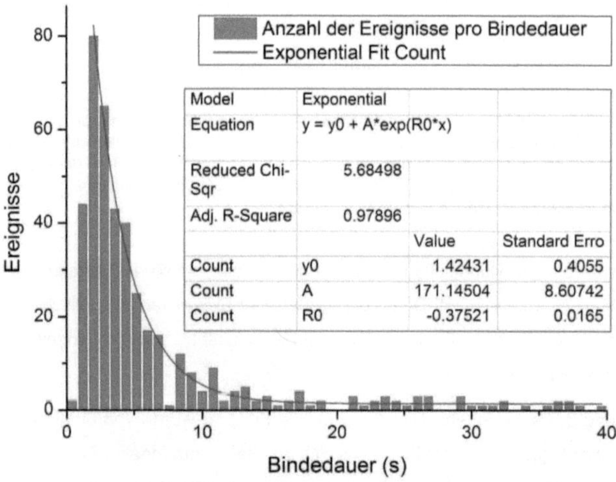

Model	Exponential		
Equation	y = y0 + A*exp(R0*x)		
Reduced Chi-Sqr	5.68498		
Adj. R-Square	0.97896		
		Value	Standard Erro
Count	y0	1.42431	0.4055
Count	A	171.14504	8.60742
Count	R0	-0.37521	0.0165

Abbildung 3.6: Histogramm zur Bindedauer im Reaktionsansatz mit ATP-γS. Die Bin-Weite beträgt 0.8 s, und vereinzelte Ereignisse über 40 s wurde außer Acht gelassen. Eine exponentielle Fitkurve ist in Blau eingezeichnet, und eine von Origin generierte Infobox zeigt genaue Angaben zum Fit.

Auch hier wurde die durchschnittliche Bindedauer aus dem Fitparameter R_0 berechnet.

$$y = y_0 + A \cdot e^{-\frac{1}{\tau}x} \quad \Rightarrow \quad \tau = -\frac{1}{R_0}$$

$$\Rightarrow \quad \tau_{ATP-\gamma S} = 2.67 \ s \pm 0.12 \ s$$

Der Fehler wurde mittels Größtfehlerabschätzung aus der durch das Programm Origin angegeben Standardabweichung für den Wert R_0 berechnet. Die Fehlerberechnung für τ_{ATP} wurde genauso durchgefüht.

Vergleich:

Die auf diese Weise erhaltenen Ergebnisse für die Bindedauer sind deutlich kleiner als die, die durch einfache Mittelwertbildung der gesamten Werte erhalten wurden. Der Trend bleibt jedoch gleich. Behinderung der Hydrolysierung durch ein modifiziertes Nukleotid führt zu längerer Bindedauer.

Außer, dass der Peak bei ATP-γS nach hinten verschoben ist, fällt auf, dass dieser weniger „scharf" ist, das heißt die Ereignisse sind breiter verteilt. Die Ursache für dieses Phänomen könnte auch in einer Eigenheit von ATP-γS liegen. Möglicherweise fluktuiert die Hydrolysedauer von ATP-γS durch Katanin stärker als die von ATP.

3.4 Zusammenfassung der Ergebnisse

Insgesamt muss gesagt werden, dass die gewonnenen Ergebnisse tendenziell das Modell von Hartman zu stützen scheinen.

Folgende Punkte können mit dieser Arbeit begründet werden:

1) Der Oligomerisierungsgrad von Katanin hängt offensichtlich von der Hydrolyse des Nukleotids ab. Der sich ergebende Zusammenhang ist in Abbildung 3.7 veranschaulicht.

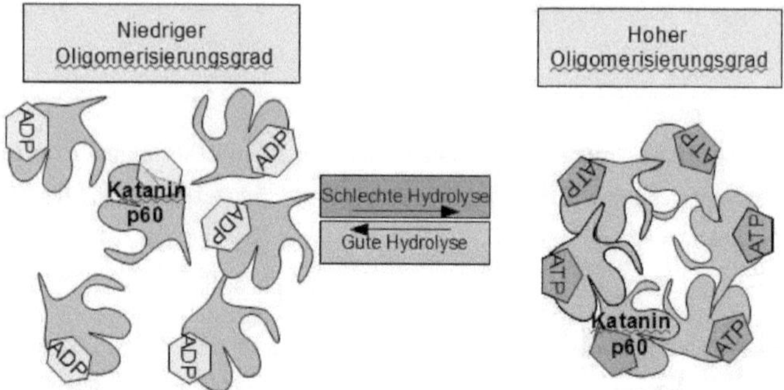

Abbildung 3.7: Veranschaulichung des reversiblen Gleichgewichts zwischen hohem und niedrigem Oligomerisierunggrad. Ein gut hydrolysierbares Nukleotid wie ATP verschiebt das Gleichgewicht hin zu einem durchschnittlich niedrigeren Oligomerisierungsgrad. Ein nur langsam (ATP-yS) oder im Extremfall (AMPPNP) gar nicht hydrolysierbares Nukleotid hingegen verschiebt das Gleichgewicht mehr zu einem höheren Oligomerisierungsgrad.

Dieses Verhalten unterstützt die These, dass Katanin im ADP bindenden Zustand weniger Bindungsaffinität zeigt (Hartman and Vale 1999).

2) In ähnlicher Weise wirkt sich die Hydrolysierbarkeit des Nukleotids auf die Dissoziation vom Mikrotubulus aus. Sehr wahrscheinlich gibt es einen linearen Zusammenhang zwischen Hydrolyse des Nukleotids und Dissoziation vom Mikrotubulus.

Zu all diesen Ergebnissen muss noch angemerkt werden, dass die Konzentration von Katanin stets sehr gering gewählt wurde. Der Grund hierfür ist, dass bei höheren Konzentrationen keine einzelnen Proteine verfolgt werden hätten können, da alle Mikrotubuli vollständig „dekoriert" gewesen wären. Das heißt die Fluoreszenzsignale der einzelnen Partikel hätten sich zu einem einzigen Leuchten überlagert. Bei solch geringer Konzentration trat kein Schneiden mehr auf. Außerdem wurde dadurch mit höchster Wahrscheinlichkeit der Oligomerisierungsgrad so beeinflusst, dass er im Schnitt geringer war. Es wird jedoch davon ausgegangen, dass dies die Interpretation der Ergebnisse nicht beeinflusst, da es sich auf alle Reaktionsansätze gleich auswirkte und somit das Verhältnis dieser zueinander nicht beeinflusst.

3.5 Auswirkung des Oligomerisierungsgrades auf die Bindedauer

Da im Laufe der Arbeit klar wurde, dass der Oligomerisierungsgrad vor allem auf die Binde-dauer einen starken direkten Einfluss hat, wurde versucht ein Modell zu finden, dass den Ein-fluss quantitativ beschreibt. Das Wissen wie der Oligomerisierungsgrad in die Bindedauer ein-geht würde ermöglichen zu untersuchen, ob die scheinbar unendliche Bindedauer unter Ein-satz des Nukleotids AMPPNP vielleicht direkt und ausschließlich auf dem höheren Oligomeri-sierungsgrad beruht.

Um eine solche Überlegung anstellen zu können müssen einige Annahmen gemacht werden:

1) gebundene Oligomere liegen stets flach auf dem Mikrotubulus und jede Untereinheit bildet eine eigene Bindung zum Mikrotubulus aus.

2) Das Lösen der Bindung einer Untereinheit ist statistisch unabhängig von den anderen Untereinheiten im selben Oligomer.

3) Man kann die Dissoziation einer Oligomers vom Mikrotubulus mathematisch durch das Zerfallsgesetz beschreiben.

Die Grundüberlegung ist, dass die Dissoziation von der Wahrscheinlichkeit P(D) abhängt, dass sich die Bindungen aller Untereinheiten gleichzeitig lösen. P(D) ist also das Produkt aus der Wahrscheinlichkeit des Lösens der Bindungen aller Untereinheiten p bis zu einem be-stimmten Zeitpunkt.

$$\Rightarrow P(D) = p^n \qquad n = Oligomerisierungsgrad \ (n{=}1 \ f\ddot{u}r \ Monomer)$$
Gleichung 1

Im nächsten Schritt muss P(D) mit der Bindedauer des Oligomers in Verbindung gebracht werden. Dazu wird die Zerfallswahrscheinlichkeit herangezogen, die sehr gut mit dem gemes-senen Dissoziationsverhalten übereinstimmt (vgl 3.3.2 Analyse der Bindedauer von Katanin mit ATP oder ATP-γS)

$$P(D) = e^{-\frac{1}{\tau}t} \qquad \tau = Bindedauer$$
$$\Rightarrow t = -\tau \cdot \ln(P(D))$$
Gleichung 2

Nun wird die Dissoziationswahrscheinlichkeit eines Monomers (n=1) mit der Dissoziations-wahrscheinlichkeit eines Oligomers (n) zur Zeit t verglichen, und Gleichung 1 eingesetzt.

$$t_1 = t_n$$
$$\tau_1 \cdot \ln(p^n) = \tau_n \cdot \ln(p)$$
$$\tau_n = \frac{\ln(p^n)}{\ln(p)} \cdot \tau_1$$

$$\Rightarrow \quad \tau_n = n \cdot \tau_1$$

Gleichung 3

Die Bindedauer eines Oligomers n-ten Grades müsste also unter Ausschluss aller anderen Effekte n-mal so lang sein, wie die Bindedauer eines Monomers. Der Oligomerisierungsgrad geht also linear in die Bindedauer ein.

Wenn man nun annimmt, dass sich unter Einsatz von AMPPNP Hexamere am Mikrotubulus banden und unter Einsatz von ATP nur Monomere, müsste die Bindedauer unter AMPPNP Verwendung (gemessen: >336 s) 6mal die Bindedauer unter Einsatz von ATP (0,64 s) sein. Offensichtlich ist dies nicht der Fall. Der eben beschriebene Effekt kann also nicht der alleinige Grund für die Unterschiede in der Bindedauer sein.

4. Ausblick

Durch die in dieser Arbeit verwendeten Mess- und Auswertungsmethoden konnten schon einige Aussagen über das Bindeverhalten von Katanin gemacht werden. In Zukunft könnte man vielleicht die Verwendung von Cumulativen Histogrammen für die Bindedauer in Betracht ziehen. Der „Hintergrund" würde weniger ins Auge stechen und es könnte auch sofort abgelesen werden unter welcher Dauer zum Beispiel schon 80% der Partikel vom Mikrotubulus dissoziiert sind. Außerdem wäre der exponentielle Fit eines kontinuierlichen Cumulativen Histogramms nicht von der gewählten bin-weite abhängig.

Statt der Bindefrequenz wäre es vielleicht auch interessant die Dissoziationsrate zu untersuchen, da diese ja offensichtlich mit der Hydrolyse des Nukleotids in Verbindung steht.

Die Messung der Bindedauer gibt bestimmt einen guten Eindruck wie lange sich das Enzym durchschnittlich am Mikrotubulus aufhält. Die Diffusion widerspricht jedoch im Allgemeinen einer Bindedauer. Die Bindung zwischen dem E-Hook des Mikrotubulus und dem C-Terminus von Katanin muss für die Dissoziation gelöst werden und für die Diffusion verschoben werden. Es sollte Untersucht werden, ob ein verschieben der Bindung eine niedrigere Energiebarriere hat als die Dissoziation.

Diese Überlegung führt auch unweigerlich zu der Erkenntnis der Wichtigkeit einer Diffusionsuntersuchung. Daraus könnten Erkenntnisse über die Hydrolyseabhängigkeit der Fortbewegung, sowie ein möglicher Zusammenhang zwischen Diffusion und Dissoziationsrate gewonnen werden.

Besonders interessant könnte auch eine Untersuchung sein, in der man die Konzentration der Proteine in etwa so hoch einsetzt wie sie auch in der Zelle vorkommen, gleichzeitig aber die Zahl der GFP-markierten Proteine so gering hält, dass trotzdem einzelne Kataninmonomere am Mikroskop verfolgt werden können. Dadurch könnte man einzelne Enzyme verfolgen während sie an einem Severing-Prozess beteiligt sind.

5. Referenzen

Alberts, B. (2004). Molekularbiologie der Zelle, Weinheim : Wiley-VCH.

Hartman, J. J., J. Mahr, et al. (1998). "Katanin, a microtubule-severing protein, is a novel AAA ATPase that targets to the centrosome using a WD40-containing subunit." Cell 93(2): 277-287.

Hartman, J. J. and R. D. Vale (1999). "Microtubule disassembly by ATP-dependent oligomerization of the AAA enzyme katanin." Science 286(5440): 782-785.

Inoue, S. and E. D. Salmon (1995). "Force generation by microtubule assembly/disassembly in mitosis and related movements." Mol Biol Cell 6(12): 1619-1640.

McNally, F. J. and R. D. Vale (1993). "Identification of katanin, an ATPase that severs and disassembles stable microtubules." Cell 75(3): 419-429.

Mitchison, T. and M. Kirschner (1984). "Dynamic instability of microtubule growth." Nature 312(5991): 237-242.

Vale, R. D. (1991). "Severing of stable microtubules by a mitotically activated protein in Xenopus egg extracts." Cell 64(4): 827-839.

Verde, F., J. C. Labbe, et al. (1990). "Regulation of microtubule dynamics by cdc2 protein kinase in cell-free extracts of Xenopus eggs." Nature 343(6255): 233-238.

BEI GRIN MACHT SICH IHR WISSEN BEZAHLT

- Wir veröffentlichen Ihre Hausarbeit,
  Bachelor- und Masterarbeit

- Ihr eigenes eBook und Buch -
  weltweit in allen wichtigen Shops

- Verdienen Sie an jedem Verkauf

Jetzt bei www.GRIN.com hochladen
und kostenlos publizieren